AF322158

SOURCES THERMALES

DE

BAGNOLES DE L'ORNE.

SOURCES THERMALES

DE

Bagnoles de l'Orne.

On ne veut pas entreprendre ici l'éloge des Eaux en général. Assez de personnes en ont éprouvé les effets salutaires
pour que toutes sachent qu'elles sont le meilleur remède au
mal qui commence et le dernier espoir de celui qui a résisté
aux traitements les plus rigoureux. C'est l'opinion de tous les
médecins qui ont écrit sur les eaux, opinion qui n'a jamais
été démentie par les faits, et que de nouvelles preuves viennent encore appuyer chaque jour.

Un grief souvent reproché aux eaux thermales, sinon par
les oisifs du moins par les malades, est leur trop grand éloignement de la capitale, qu'il faut toujours regarder comme le
centre. En effet, si la distraction du voyage est déjà salutaire,
il ne faut pas pour cela qu'il s'en suive la fatigue et les em-
barras d'une trop longue route, et que certains malades ne

puissent l'entreprendre sans un danger réel. Il faut donc que les eaux thermales se trouvent pour ainsi dire dans une position donnée, et à une distance telle qu'on y éprouve le bien-être d'un changement total d'air et de pays, sans avoir à subir la fatigue d'un long voyage et les soucis d'un éloignement trop grand de chez soi.

Or c'est là un immense avantage que Bagnoles possède sur les principales ou du moins les plus célèbres sources thermales, situées presque toutes à l'extrémité de la France.

Bagnoles se trouve à la distance de Paris la plus favorable (1), d'un accès facile de tous les côtés, seul pour tout l'ouest de la France et sans concurrence dans cet immense rayon. Il possède, avec une source thermale dont les vertus curatives sont bien prouvées (2), cette beauté des sites et cet

(1) Fondé en 1813 par M. A. Lemachois. Il est à 59 lieues de Paris, 11 d'Alençon ; route de Paris à Brest. Le courrier partant de Paris à 6 heures du soir arrive à Bagnoles le lendemain de midi à 2 heures.

La découverte des propriétés de la source thermale est due à une anecdote assez curieuse, que nous copions textuellement dans une vieille chronique imprimée à Alençon en M.DCC.XXXX, et qui a pour titre : *Traité des Eaux minérales de Baignoles.*

« Il y a près de deux siècles, suivant la tradition populaire, que cette fontaine « (celle de Bagnoles) fut découverte par les habitants de ces quartiers, natu-« rellement attaquez d'une galle affreuse qui ressemble assez à la lèpre, et par « un cheval poussif outré et hors d'état de servir, abandonné dans les forêts ; « les peuples qui les premiers se baignèrent dans cette fontaine, accablez de ces « galles affreuses, devinrent sains et propres comme s'ils venaient de sortir du « ventre de leur mère, et le cheval poussif, après avoir bu quelque temps de « l'eau de cette fontaine, se guérit si parfaitement qu'il fit l'admiration de ceux « qui l'avaient vu hors d'état de servir. »

(2) La première analyse en fut faite par MM. Thierry et Vauquelin, de l'Institut, les 13, 14 et 15 octobre 1813. Consulter d'ailleurs à ce sujet les différents traités sur les eaux minérales, et entre autres celui de M. *Bourdon. Guide aux Eaux minérales de la France et de l'étranger*, 2ᵉ *édition. Paris*, 1837.

aspect pittoresque dont la nature a voulu favoriser tous les lieux d'où jaillissent les sources chaudes.

Tout ce que le travail et le goût de l'homme pouvaient ajouter a répondu à ce qu'avait fait la nature. Comme élégance et commodité, les constructions ne laissent rien à désirer (1). Des améliorations et des agrandissements nouveaux nous permettent de rappeler en particulier aux personnes qui n'ont pu y trouver de places les années précédentes, un établissement auquel on peut donner aujourd'hui une entière publicité.

On y a répandu le *confortable*, si nécessaire maintenant et si rare encore cependant. Bagnoles est le seul établissement thermal où l'on puisse se baigner sans sortir du bâtiment que l'on occupe, et sans avoir ainsi à redouter chaque jour un trajet plus ou moins long et par cela plus ou moins dangereux après le bain (2).

Indépendamment de la forêt domaniale d'Andaine, qui l'entoure d'un réseau de 10,000 hectares, Bagnoles est situé au milieu d'un parc de 300 arpents, propriété exclusive des baigneurs qui ne veulent ou ne peuvent entreprendre de plus longues promenades; vaste jardin anglais dont les fraîches allées suivent le cours sinueux d'une rivière, en gravissant doucement vers le sommet des rochers qui le dominent.

Il est inutile de dire qu'on s'est occupé de tout ce qui était

(1) Outre les bâtiments qui touchent à la source, deux *cottages* situés au milieu des promenades, habitations séparées et complètes, avec remises, écuries, etc., pourraient être mis à la disposition des familles qui préviendraient quatre ou cinq jours d'avance seulement.

(2) Les appareils des bains, douches descendantes, ascendantes, à vapeur, etc., sont entièrement renouvelés d'après les notions les plus récentes et les plus complètes.

d'utilité ou d'agrément. On trouve à Bagnoles, chapelle pour le service divin, salon de réunion, billard, musique et tous les instruments de difficile transport, tels que pianos, harpes, etc.

La chasse y est facile et abondante; la pêche permise avec tous les genres de lignes et de filets dans une pièce d'eau de 10 hectares, qui ferme la vallée au nord, et porte des chaloupes à la voile et à la rame. On s'y procure des chevaux pour les excursions dans la forêt et aux environs (1). En un mot tout a été prévu pour que chacun y puisse jouir du charme et de l'activité d'une réunion distinguée, et en même temps du calme et de l'indépendance du chez soi; pour qu'on y trouve enfin la liberté de vivre selon les besoins et les goûts de toutes les positions et de toutes les fortunes.

La Saison des Bains commence le 25 mai et finit le 16 octobre.

Dans l'impossibilité où nous sommes de donner des extraits même les plus succincts des divers articles publiés sur Bagnoles depuis vingt-cinq ans, nous nous bornons à transcrire ici deux notices dont nous devons l'obligeante et toute récente communication à deux Docteurs dont personne ne déclinera la compétence en cette matière.

---

(1) *Domfront* et les débris pittoresques de ses fortifications; *Lassay* avec ses tours; *Carrouges* et son château, historique souvenir et l'un des vieux monuments les plus vastes et les plus entiers que nous possédions en France.

NOTICE

Sur l'Établissement Thermal

DES EAUX DE BAGNOLES

(De l'Orne).

L'établissement des eaux thermales de Bagnoles se trouve avantageusement placé dans la partie centrale de l'ouest de la France ; à égale proximité des anciennes provinces de Normandie, du Maine, de l'Anjou et de la Bretagne ; à soixante lieues des portes de Paris ; à peu de distance des villes d'Alençon, d'Argentan et de Domfront ; entre les gros bourgs de Couterne et de La Ferté ; et dans le voisinage de deux routes départementales, ce qui le rend facilement accessible aux voitures les plus légères.

Bagnoles est le seul établissement thermal de tout l'ouest de la France. La commune sur le territoire de laquelle il est situé se nomme Tessé-la-Madeleine. Elle appartient au canton de Juvigny, arrondissement de Domfront.

DESCRIPTION DU SITE.

L'établissement de Bagnoles et ses dépendances sont immédiatement assis sur les confins de la belle forêt domaniale d'Andaine, dont la contenance excède 8,000 arpents. |Le sol qui forme toute la lisière du côté de Bagnoles est composé de grès empâtés dans un ciment feldspatique sous un mélange de quartz ou de silex. On y trouve des fossiles de forme cylindrique, perpendiculaires à l'inclinaison des roches, dont il est difficile de distinguer l'espèce et la nature, mais qui font croire que ces grès appartiennent aux terrains de formation secondaire inférieure, ou peut-être intermédiaire supérieure.

L'ensemble du pays présente partout l'aspect de ce joli bocage normand, si riche par sa végétation forestière et si pittoresque par les ondulations prononcées de ses coteaux. La juste proportion des arbres forestiers jusque dans les moindres parcelles du sol cultivable, l'exacte distribution des eaux et la facilité de leur écoulement dans toute la contrée, l'absence de tout marécage et même de tout terrain sans culture, l'heureuse inclinaison de cette partie de la Normandie qui s'ouvre aux vents de mer par l'abaissement de la côte d'Avranches, toutes ces circonstances réunies rendent parfaitement compte de l'extrême salubrité dont est doué le pays en général, et l'inappréciable avantage dont jouit le département de l'Orne en particulier, d'être le deuxième de tout le royaume où la moyenne de la vie humaine présente le plus de durée, et où la mort frappe le moins d'individus (1).

Le bâtiment des bains et l'établissement tout entier se trouve posés juste au milieu d'un joli vallon de 150 mètres de largeur, où coule la petite rivière de Vée. Ce vallon, ouvert à peu près du nord au midi, formé par l'écartement de deux énormes rochers, offre une des positions les plus pittoresques qu'on puisse imaginer, car la nature en a fait tous les frais. Une foule d'effets imprévus naissent de

______

(1) Pour donner un simple aperçu sur cette question, qu'il suffise de rappeler que les documents du ministère de l'intérieur établissent que dans l'Orne on ne trouve qu'un décès annuel sur 50 habitants, tandis que dans le Finistère la mort frappe dans le même laps de temps un individu sur 23.

la disposition de ces coteaux et de ces roches qui concourrent à les former. Sur la crête et sur les versants, de charmantes plantations, habilement dessinées, y ont partout ménagé de délicieuses et pittoresques promenades. Dans le bas de la vallée, de jolis bosquets sur la Vée, et de vastes prairies, se prolongent bien au-delà des limites de la propriété. Au sommet des deux coteaux, l'œil peut embrasser un horizon parfait de plusieurs lieues de diamètre, où se déroule au nord les nombreuses ondulations de la forêt, et au midi toute la richesse du bocage normand.

État de la Source Thermale.

La source thermale jaillit au pied du coteau qui borde à l'est la vallée de Bagnoles. Son abondance, égale en toute saison, est telle que, quels que soient les besoins de l'établissement, qui a compté 300 baigneurs tant civils que militaires, on n'a jamais pu remarquer d'abaissement durable dans le niveau du réservoir.

L'heureux voisinage de la Vée, qui coule à vingt pas au-devant de la source, permet de se débarrasser dans ce cours d'eau du trop plein des baignoires et de tous les émonctoires de l'établissement. Cette disposition des choses ne laisse donc à Bagnoles aucune des matières décomposables inséparables d'une populeuse habitation, et contribue à conserver à l'air atmosphérique ce caractère de pureté remarquable qui fait, de ce joli séjour, l'asile le plus propice aux santés délicates et affaiblies.

Propriétés physiques de l'Eau.

L'eau thermale, prise à sa source et retirée dans un vase de cristal, est inodore et d'une excessive limpidité. Dans la fontaine même, elle exhale une odeur qui se rapproche de celle du gaz hydro-sulfurique. Légèrement onctueuse au toucher, elle est molle , fade à la bouche et très-légèrement nauséabonde. Des bulles extrêmement fréquentes viennent continuellement crever à sa surface. Dans la source, la température est constamment de 26° centigrade, ou de 22° Réaumur ; elle comporte, par conséquent, deux degrés de plus qu'il n'est nécessaire pour réunir toutes les conditions d'une eau thermale, d'après les règles posées par M. le professeur Alibert, dans son *Traité des Eaux minérales*.

Analyse chimique.

L'analyse des eaux de Bagnoles a été faite par M. le professeur Vauquelin, qui s'y transporta exprès au mois d'octobre 1813.

Son travail est consigné dans le Numéro d'avril, année 1814, tome 88 des *Annales de Chimie et de Physique*. Il résulte de cette analyse que l'eau de Bagnoles contient comme matières *gazeuses* :

1° De l'azote en grande quantité ;

2° Du gaz acide-carbonique libre.

Comme matières *fixes* :

Des hydrochlorates à base,

— De soude,

— De chaux,

— De magnésie,

Et une petite quantité de sulfate de chaux.

De plus, cette matière *végéto-animale particulière* qui se rencontre dans les sources héroïques.

Remarquons, toutefois, que quelque perfectionnés que soient nos moyens d'analyse dans l'état actuel de la science, ils sont encore impuissants à nous apprendre, à priori et avant l'expérimentation, les avantages que la médecine peut retirer de l'emploi d'une eau minérale sur les corps malades. L'eau minérale n'est pas, du reste, la seule analyse où soit venue échouer la chimie moderne. Celle de l'air atmosphérique a été plus imparfaite encore ; car jamais on n'a pu démontrer une différence sensible entre le fluide respirable pris sur le sommet des Alpes, où il est d'une pureté sans exemple, et celui de la Campagne de Rome, où les exhalaisons des marais-Pontins le rendent si malfaisant.

Propriétés médicinales.

Il résulte de l'analyse de Vauquelin et des principes posés par M. Alibert que les eaux de Bagnoles doivent être classées parmi les sources *thermales* de nature *saline acidule gazeuse*, et qu'elles présentent tous les caractères d'une force moyenne. Elles conviennent, sous ce dernier rapport, à toutes les personnes qui ne peuvent supporter les fortes eaux de Balaruc, de Vichy, de Plombières, etc., ni exécuter les longs et fatigants voyages des Pyrénées.

Une série d'observations, suivies depuis quarante années, démontrent qu'elles ont été très-utiles dans la chlorose et les pâles couleurs.

Elles sont efficaces contre les accidents de l'âge critique, contre les douleurs rhumatismales, les ankiloses, les contractures, les plaies anciennes, les vieilles blessures, etc.

Nous avons été témoins de cures surprenantes, dans des cas désespérés de tumeurs blanches, opérées sous l'influence de cette eau employée en douches.

Mais leur véritable triomphe se montre évidemment dans toutes les variétés de ces affaiblissements, de ces exaltations nerveuses si fréquentes chez les personnes dont les travaux intellectuels ou les fatigues d'un autre genre ont miné la santé.

Ceci explique pourquoi aussi elle réussit à merveille aux femmes délicates, aux vieillards, aux enfants, qui en retirent un accroissement de tonicité et de force véritablement remarquable.

Enfin la propriété spéciale que possède éminemment l'eau de Bagnoles, de communiquer à l'organe cutané un sentiment de douceur et de souplesse très-extraordinaire, la fait vivement rechercher des femmes, qui attachent quelque prix à cet avantage.

Domfront, 25 mars 1838.

H. LEDEMÉ,

Médecin-inspecteur des Eaux de Bagnoles,
nommé par M. le ministre de l'intérieur.
— Novembre 1834.

NOTICE MÉDICALE

DU DOCTEUR POULLAIN,

CHIRURGIEN-MAJOR DE L'HÔPITAL MILITAIRE DES EAUX DE BAGNOLES.

Chargé, depuis six ans, de la Direction du service de santé des Bains militaires de Bagnoles, et pouvant, chaque année, en observer les effets sur à peu près 150 malades que le gouvernement y envoie, personne n'a été plus à même que le Docteur Poullain d'étudier ces Eaux d'une manière toute spéciale, et la Notice qu'on va lire a été extraite presque en entier des différents rapports que ce médecin, en sa qualité de chirurgien en chef de l'hôpital militaire, a adressé à M. le Ministre de la guerre, touchant le résultat de ses observations Cliniques sur les Eaux-Thermales de Bagnoles.

L'auteur, après avoir rapporté très au long les différentes analyses chimiques qu'on a faites de ces Eaux ; entre autres, celle de MM. Vauquelin et Thierry, qui lui paraît la plus exacte, après avoir parlé de leur température qui est de 26 degrés (therm. cent.) et qui ne varie jamais quelle que soit celle de l'atmosphère, puis dit un mot de leur action expérimentée sur les animaux sains et malades, etc. ; aborde la question principale, qui consiste à déterminer d'une manière précise les maladies qui peuvent être utilement combattues et qu'on peut presque toujours espérer de guérir par leur emploi sagement administré.

« Une longue expérience, dit M. le Docteur Poullain, et qui repose sur plusieurs centaines de faits, me permet de classer ces affections dans l'ordre suivant :

« 1º Les douleurs rhumatismales.

« 2º Les douleurs ostéocopes (qui siégent dans les os.)

« 3º Les névralgies sciatiques.

« 4º Les engorgements des articulations et les ankriloses.

« 5º Les plaies et ulcères atoniques.

« 6º Les maladies de la peau, (Dartres, Galles, etc.)

« 7º Les engorgements scrofuleux des glandes du col.

« 8º Les gastralgies, (faiblesse d'estomac, obstructions.)

« L'Amenorrhée, (suppression des règles) ; la leucorrhée (fleurs blanches) et plusieurs autres affections internes (1).

« Les eaux de Bagnoles, continue M. le docteur Poullain, ont une efficacité réelle et incontestable dans les maladies ci-dessus mentionnées, ce qu'il nous a été facile de constater depuis que nous sommes chargé en chef du service de santé de l'hôpital militaire, et comme on pourra s'en convaincre en jetant un coup-d'œil sur les observations individuelles que nous avons consignées dans nos différents rapports. Tous les faits qui s'y trouvent ont été recueillis jour par jour avec la plus scrupuleuse fidélité, et suffiront, je pense, pour faire reconnaître dans les Eaux de Bagnoles la puissance médicatrice qui leur appartient en propre, et qui, dans bien des cas désespérés suffit à elle seule pour triompher du mal. « Ces Eaux deviennent une ressource très-précieuse pour l'art de guérir, et c'est en vain que certaines personnes voudraient en discréditer l'emploi, car si elles ne sont pas infaillibles dans tous les cas, elles consolent du moins ceux qui en usent et arrêtent pour quelque temps la marche des maladies chroniques. »

(1) Je ne connais qu'une seule maladie où l'usage des Eaux de Bagnoles soit contre-indiqué: c'est le catarrhe vésical. Les personnes atteintes de cette affection les supportent difficilement. M. Bourdon, qui en a été l'inspecteur, a fait la même remarque. *Ouvrage cité.*

« Cette judicieuse remarque de M. le Professeur Alibert me paraît surtout applicable aux Eaux de Bagnoles, qui, à part la beauté du site où elles se trouvent et la salubrité de l'air qu'on y respire, n'ont jamais fait de mal à personne, quelle que soit la forme sous laquelle on les administre. C'est là, selon nous, un avantage immense qu'elles ont sur beaucoup d'autres ; car *quand une Eau minérale ne fait pas de mal, il est extrémement rare que cette même Eau ne fasse pas de bien.* »

I. POULLAIN.

Médecin en Chef, Chirurgien-Major des armées, chargé du service de santé de l'hôpital militaire, par MM. les Ministres de la Guerre et de la marine.

(Mai 1832.)

NOTA. Bagnoles possède un hôpital militaire pour le traitement des malades des armées de terre et de mer, par suite d'un traitement passé par M. A. Lemachois avec MM. les ministres de la guerre et de la marine. Cet hôpital, entièrement en dehors de l'établissement civil, a ses bains particuliers et ses services totalement étrangers.

PARIS. — IMPRIMERIE DE Mme PORTHMANN, rue du Hasard-Richelieu, 8.

119